TIBURONES MAKO

Julie K. Lundgren
Traducción de Sophia Barba-Heredia

Un libro de El Semillero de Crabtree

ÍNDICE

Apoyos de la escuela a los hogares para cuidadores y maestros

Este libro ayuda a los niños en su desarrollo al permitirles practicar la lectura. Abajo están algunas preguntas guía para ayudar al lector a fortalecer sus habilidades de comprensión. En rojo hay algunas opciones de respuesta.

Antes de leer:

- ¿De qué pienso que tratará este libro?
    - *Pienso que este libro es sobre tiburones mako.*
    - *Pienso que este libro es sobre lo que les gusta comer a los tiburones mako.*

- ¿Qué quiero aprender sobre este tema?
    - *Quiero aprender dónde viven los tiburones mako.*
    - *Quiero aprender cuántos dientes tiene el tiburón mako.*

Durante la lectura:

- Me pregunto por qué...
    - *Me pregunto por qué los tiburones mako tienen narices puntiagudas.*
    - *Me pregunto por qué hay quienes piensan que es divertido atrapar a un tiburón mako.*

- ¿Qué he aprendido hasta ahora?
    - *Aprendí que los tiburones mako tienen cuerpos fuertes, largos y estilizados.*
    - *Aprendí que nadan muy rápido.*

Después de la lectura:

- ¿Qué detalles aprendí de este tema?
    - *Aprendí que los tiburones mako cazan a presas rápidas, como el atún y el pez espada.*
    - *Aprendí que los tiburones mako pueden saltar para atrapar su comida.*

- Lee el libro de nuevo y busca las palabras del glosario.
    - *Veo la palabra **torpedos** en la página 13 y la palabra **amenazados** en la página 21. Las demás palabras del vocabulario están en las páginas 22 y 23.*

TIBURONES MAKO

Conoce al tiburón más rápido del mundo.

Los tiburones mako
son muy veloces.

DESDE LOS ARCHIVOS

Nadan cerca de 10 veces más rápido que el humano nadador más rápido del mundo.

Tienen cuerpos fuertes y estilizados.

DESDE LOS ARCHIVOS

Sus narices puntiagudas

Pueden nadar a través de **océanos** enteros.

Cazan **presas** rápidas como el atún, el **pez espada** y ¡a otros tiburones!

atún
pez espada

Los tiburones mako pueden saltar para atrapar su comida.

DESDE LOS ARCHIVOS

Hay quienes los llaman **torpedos** con **dientes**.

Sus dientes son largos y filosos.

Hay personas que los atrapan por diversión y para alimentarse.

¿Cuántos makos hay en los océanos? No lo sabemos.

Necesitamos aprender más sobre estos cazadores veloces.

DESDE LOS ARCHIVOS

Los tiburones mako están **amenazados**.

GLOSARIO

amenazados: Los animales amenazados son los animales que están en peligro de extinción.

dientes: Los dientes son las partes blancas y huesudas dentro de la boca, son usados para morder y masticar.

océanos: Los océanos son grandes cuerpos de agua salada donde viven muchos animales.

pez espada: Los peces espada son largos peces con narices muy largas y puntiagudas.

presas: Las presas son cualquier animal cazado y comido por otro animal.

torpedos: Los torpedos son rápidos y estilizados misiles lanzados bajo el agua.

Índice analítico

Sitios web (páginas en inglés):

www.dkfindout.com/us/animals-and-nature/fish/mako-shark

https://easyscienceforkids.com/all-about-sharks

Acerca de la autora

Julie K. Lundgren

Julie K. Lundgren creció cerca del Lago Superior, donde se divertía jugando en el bosque, recogiendo moras y expandiendo su colección c rocas. Sus intereses la llevaron a hacer una carre en Biología. Vive en Minnesota con su familia.

Written by: Julie K. Lundgren
Designed by: Jennifer Dydyk
Edited by: Kelli Hicks
Proofreader: Melissa Boyce
Translation to Spanish: Sophia Barba-Heredia
Spanish-language layout and proofread: Base Tres
Print and production coordinator: Katherine Berti

Photographs:
Shark illustration on cover logo © BATKA/Shutterstock; white shark illustration for "FROM THE FILES" © Dashikka/Shutterstock; Cover © Alessandro De Maddalena/Shutterstock.com; page 3 © wildestanimal / Shutterstock.com; page 5 © Martin Prochazkacz/Shutterstock.com; page 6 © Martin Prochazkacz/ Shutterstock.com; page 7 © wildestanimal/Shutterstock.com; page 9 © Martin Prochazkacz/Shutterstock.com; page 11 tuna © Shane Gross/Shutterstock.com, swordfish © SVITO-Time/Shutterstock.com; pages 13, 17 and 19 © Alessandro De Maddalena/Shutterstock.com; page 15 © saulty72/Shutterstock.com; page 21 © saulty72/Shutterstock.com; page 23 torpedo © Ilya Shulika/Shutterstock.com

Library and Archives Canada Cataloguing in Publication
Title: Tiburones mako / Julie K. Lundgren ; traducción de Sophia Barba-Heredia.
Other titles: Mako sharks. Spanish
Names: Lundgren, Julie K., author. | Barba-Heredia, Sophia, translator.
Description: Series statement: Los archivos del tiburón | Translation of: Mako sharks. | Includes index. | "Un libro de el semillero de Crabtree". | Text in Spanish.
Identifiers: Canadiana (print) 20210258543 |
Canadiana (ebook) 20210258551 |
ISBN 9781039621176 (hardcover) |
ISBN 9781039621237 (softcover) |
ISBN 9781039621299 (HTML) |
ISBN 9781039621350 (EPUB) |
ISBN 9781039621411 (read-along ebook)
Subjects: LCSH: Mako sharks—Juvenile literature.
Classification: LCC QL638.95.L3 L86518 2022 | DDC j597.3/3—dc23

Library of Congress Cataloging-in-Publication Data
Names: Lundgren, Julie K., author.
Title: Tiburones mako / Julie K. Lundgren ; traduccion de Sophia Barba-Here
Other titles: Mako sharks. Spanish
Description: New York : Crabtree Publishing, [2022]. | Series: Los archivos del tiburon - un libro el semillero de Crab | Includes index. | Audience: Ages 5-7 (provided by Crabtree Publishing) | Audience: Grades K-1 (provided by Crabtree Publishing)
Identifiers: LCCN 2021031763 (print) |
LCCN 2021031764 (ebook) |
ISBN 9781039621411 |
ISBN 9781039621176 (hardcover) |
ISBN 9781039621299 (ebook) |
ISBN 9781039621350 (epub) |
ISBN 9781039621237 (paperback)
Subjects: LCSH: Mako sharks--Juvenile literature
Classification: LCC QL638.95.L3 (ebook) | LCC QL638.95.L3 L86518 2022 (print) | DDC 597.3/3--dc23
LC record available at https://lccn.loc.gov/2021031763

Crabtree Publishing Company
www.crabtreebooks.com 1-800-387-7650

In Canada: We acknowledge the financial support of the Government of Canada through the Canada Book Fund for our publishing activities.

Published in the United States
Crabtree Publishing
347 Fifth Avenue
Suite 1402-145
New York, NY, 10016

Published in Canada
Crabtree Publishing
616 Welland Ave.
St. Catharines, Ontario
L2M 5V6

Printed in the U.S.A./092021/CG20210616